Abel Hernández-Muñoz

Safari na ilha de Trinidad

Abel Hernández-Muñoz

Safari na ilha de Trinidad

Crónica da viagem de um ecologista cubano à selva de Trinidad e Tobago

ScienciaScripts

Imprint

Cover image: www.ingimage.com

This book is a translation from the original published under ISBN 978-613-8-98063-6.

Publisher:
Sciencia Scripts
is a trademark of
Dodo Books Indian Ocean Ltd. and OmniScriptum S.R.L publishing group

120 High Road, East Finchley, London, N2 9ED, United Kingdom
Str. Armeneasca 28/1, office 1, Chisinau MD-2012, Republic of Moldova, Europe
Printed at: see last page
ISBN: 978-620-8-24944-1

SAFARI NA ILHA DE TRINIDAD

Um ecologista cubano estuda a vida selvagem da ilha para a Universidade de Sancti Spíritus José Martí Pérez, em Cuba.

Abel Hernández Muñoz

Crónica Científica

ÍNDICE

UM OSSÁRIO DE ILHAS

As ilhas sempre foram consideradas lugares mágicos, surgindo no horizonte quando os marinheiros já tinham perdido a esperança de sobreviver. Foram emblemáticas do exotismo natural que caracteriza as figurações dos paraísos terrestres. São lugares isolados pelo mar, sujeitos a ele, em total harmonia com a natureza. As estrelas são mais bem vistas das altas montanhas continentais; no entanto, quando fechamos os olhos, vemo-las da costa de uma praia num ilhéu. O mar, que é o berço da vida, deu às ilhas a sua melhor roupagem e elas são como afloramentos do espírito dos oceanos. Basta chegar até elas para que o homem sinta a energia que elas transmitem em todo o seu corpo. E entre as ilhas, as dos trópicos são como a primeira classe do navio da vida, porque também são leves e coloridas. Viver numa ilha, mesmo nas circunstâncias mais difíceis, como as enfrentadas pelo famoso Robinson Crusoé na obra homónima de Daniel de Foe, é um prazer para os sentidos. Desde os primórdios da história da humanidade, as ilhas são os trampolins dos caminhos abertos no mar. Sem elas, Ulisses não teria regressado a Ítaca, nem Leif Erickson teria descoberto novas terras na atual América, nem Colombo teria conseguido chegar ao Novo Mundo. Na atualidade, as ilhas insistem em oferecer a sua própria alternativa.

Hoje, aqueles de entre nós que vivem nas margens do Mar das Caraíbas lutam para encontrar um elo que nos permita reunir-nos com os povos do passado, para construir uma casa comum que seja nossa na paisagem que nos sustenta, ao lado do azul que continua a rodear-nos. O nosso legado é uma mistura de triunfo e dor, pois o sangue do colonizador, do índio e do africano circulam juntos na maioria de nós. Para alguns, os conquistadores espanhóis foram outrora os seus senhores, para outros os franceses, noutros casos os britânicos ou os dinamarqueses. Hoje lutamos para encontrar uma unidade que nos abrace a todos.

Na década de 1950, quando vários territórios das Caraíbas procuravam a independência política do domínio colonial britânico, o debate sobre a criação de uma Federação das Índias Ocidentais era muito mais entusiástico. Foi desenhada uma bandeira, foi nomeada uma capital e os líderes das Caraíbas da época imitaram-se uns aos outros para determinar quem seria o novo primeiro-ministro da região. Até foi composto um hino com letra e música.

A federação durou pouco tempo e o hino regional passou a ser o de Trinidad e Tobago, mas escondida na sua música estava uma frase que ainda hoje recorda a saudade da unidade da nossa herança comum:

"... Estamos lado a lado,

Ilhas do Mar Azul das Caraíbas..."

Por isso, quando soube, através de um escritório com Jorge Luis Aneiros Alonso, reitor da Universidade de Sancti Spíritus José Martí Pérez, que a Associação dos Estados das Caraíbas estava a organizar um concurso literário para escritores caribenhos que quisessem escrever sobre as Caraíbas e me selecionou a mim, um criador de ciência popular, para escrever um livro sobre esta área geográfica encantadora, fui tomado por uma enorme onda de entusiasmo, porque o território insular selecionado não era outro senão a República de Trinidad e Tobago. Não se trata de um país qualquer das Índias Ocidentais, mas sim do mais próximo do continente e, adivinhem, tem selva, pelo que, pela primeira vez, iria visitar a selva.

Uma vez terminada a reunião, saí do gabinete do reitor e dirigi-me à sala de navegação, encontrei-me lá, sentei-me em frente a uma das máquinas, introduzi a palavra-passe da minha conta e, quando estava pronto, cliquei no motor de busca Google, escrevendo na sua barra de pesquisa cinco palavras: República de Trindade e Tobago, instantaneamente apareceram no ecrã vários documentos sobre o assunto, mas selecionei a Wikipédia, esta abriu-se e pude ler o seguinte:

[1]"**Trinidad e Tobago**, também chamada **Trinidad e Tobago**, cujo nome oficial é *República de* **Trinidad e Tobago**, é um dos treze países que compõem a América Insular, Índias Ocidentais ou Ilhas do Caribe, um dos trinta e cinco do continente americano. A sua capital é Porto de Espanha e a sua cidade mais populosa é Chaguanas.

Situa-se no extremo sul das Antilhas, a sul de Granada, e na plataforma continental da costa oriental da Venezuela. Com 1 349 667 habitantes em 2015, é o sexto país mais populoso das Caraíbas, atrás de Cuba, da República Dominicana, do Haiti, de Porto Rico e da Jamaica.

O seu território é constituído por duas ilhas principais, Trinidad - a maior e mais populosa - e Tobago, além de várias ilhas mais pequenas, e está organizado em catorze regiões corporativas. A sua forma de governo é uma república parlamentar.

Antes da chegada dos espanhóis no século XV, a ilha atualmente designada por Trinidad era povoada por caribes (Nopoya e Supoya), enquanto Tobago era povoada pelos Kalugo. O nome indígena de Trinidad era Kairi ou Leré, que significaria "Terra dos Colibris" ou talvez simplesmente "A Ilha". Cristóvão Colombo descobriu a ilha principal em 31 de julho de 1498 e chamou-lhe "Tierra de la Santísima Trinidad", enquanto que à ilha atualmente chamada Tobago chamou "Bella Forma". Mais tarde, as ilhas foram disputadas por espanhóis, ingleses, holandeses e franceses, tendo mesmo existido uma colónia de letões da Curlândia.

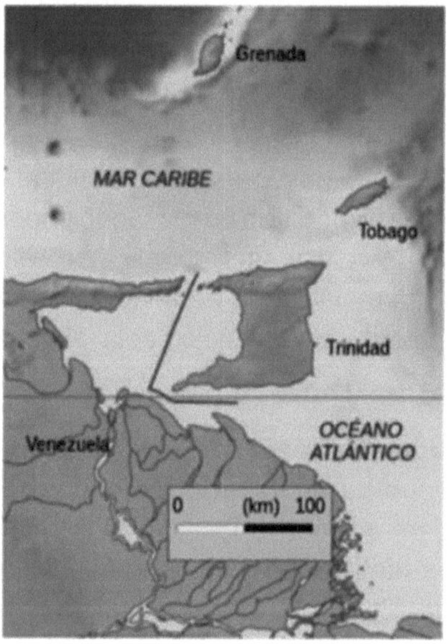

Em 1592, António de Berrio estabeleceu o primeiro enclave permanente, San José de Oruña. *Sir* Walter Raleigh, em busca do "El Dorado" na América do Sul, desembarcou em Trinidad a 22 de março de 1595 e atacou San José de Oruña, capturando Berrio e o cacique Topiawari.

A província de Trinidad foi criada no século XVI pelos espanhóis e a sua capital era San José de Oruña. No final do século XVIII, estava sob controlo espanhol como parte da Capitania Geral da Venezuela, mas durante as guerras napoleónicas, em fevereiro de 1797, uma força britânica começou a ocupar o território. Em 1802, através da aplicação do Tratado de Paz de Amiens, as ilhas de Trinidad e Tobago passaram para o Reino Unido. A França, que também tinha reivindicações sobre o território, cedeu formalmente as suas reivindicações ao Reino Unido em 1814.

A população indígena praticamente desapareceu, sendo em grande parte substituída pela população melano-africana introduzida à força pelos britânicos como mão de obra escrava nas plantações de cana-de-açúcar e de tabaco. Durante o século XIX, à medida que a escravatura se tornou menos económica para os europeus, foi encorajada a imigração de *coolies* da Índia e da China, O mesmo aconteceu com a imigração portuguesa, enquanto os refugiados franceses do Haiti antes da Paz de Amiens estavam em melhor situação, embora não atingissem o estatuto da minoria britânica.

Em 1899, Tobago, que tinha sido administrado a partir de Barbados, passou a ser administrado a partir de Port of Spain, em Trinidad. Durante a Segunda Guerra Mundial, os Estados Unidos, um aliado do Reino Unido, estabeleceram uma importante base militar em Chaguaramas. Ambas as ilhas foram governadas como colônia da coroa britânica durante uma década.

Em 3 de janeiro de 1958, Trinidade e Tobago, juntamente com a Jamaica, Barbados, as ilhas Windward e Leeward e outras ilhas mais pequenas, formaram a Federação das Índias Ocidentais, tendo Chaguaramas como capital federal. Esta federação desapareceu em 1961, quando a Jamaica se separou e a independência foi concedida (embora com o monarca britânico como chefe de Estado) em 3 de agosto de 1962. Durante todo este período, registaram-se graves conflitos étnicos, principalmente entre os afrodescendentes e os indianos.

Trindade e Tobago aderiu à ONU nesse ano e à OEA em 1967 e à OEA em 1976. Trinidad e Tobago declarou formalmente a sua independência total da coroa britânica, embora tenha permanecido na Comunidade das Nações.

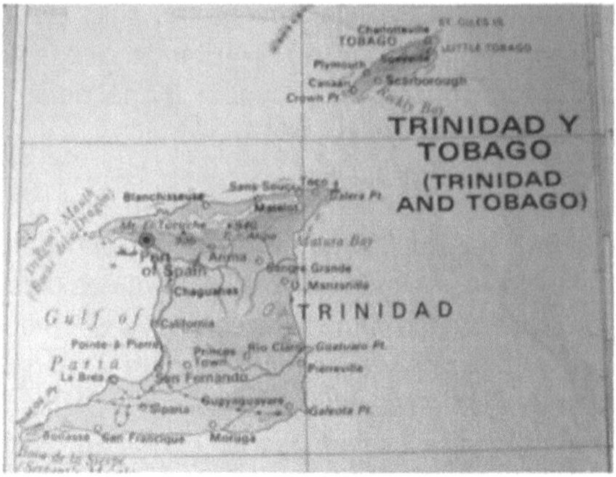

Trinidade e Tobago é um arquipélago constituído por várias ilhas no sul das Caraíbas, entre o Mar das Caraíbas e o Oceano Atlântico Norte, a nordeste da Venezuela. São ilhas das Pequenas Antilhas, situadas no continente da América Central e das Caraíbas.

[2]Com uma área de 5.128 km, o país é constituído por duas ilhas principais: Trinidad e Tobago, e várias ilhas mais pequenas. Trinidade fica a 11 km da costa nordeste da Venezuela e a 130 km a sul das Granadinas. A ilha tem 4768 km2 (ou 93% da área total do país). A ilha tem uma forma quadrangular, com três penínsulas que se erguem a partir dela. Tobago fica a 30 km a nordeste de Trindade e tem uma área de cerca de 298 km2.

Geologicamente, as ilhas não fazem parte do arquipélago das Índias Ocidentais. De facto, Trinidad fazia parte da parte continental da América do Sul e está situada na sua plataforma continental, e Tobago faz parte de uma cadeia de montanhas afundadas ligada ao continente. As ilhas estão atualmente separadas do continente por dois estreitos, a chamada Boca do Dragão, a norte do Golfo de Paria, e a sul o Canal de Colombo.

Trinidad é atravessada por três grupos diferentes de montanhas que são uma continuação da cordilheira costeira venezuelana. O mais alto, El Cerro del Aripo, e o outro, El Tucuche. A Cordilheira Central atravessa a ilha na diagonal e é uma cordilheira baixa com zonas pantanosas. A planície de Caroni, composta por sedimentos aluviais, estende-se para sul, separando a Cordilheira do Norte da Cordilheira Central. A cordilheira meridional é constituída por uma linha de colinas com uma altitude máxima de 305 metros. Numa depressão deixada por uma antiga cratera vulcânica existe um curioso lago de alcatrão.

As costas de Trinidad são relativamente planas e, apesar da latitude e do calor das águas marinhas, é notável a ausência quase total de recifes de coral vivos, o que se explica pelo facto de a lama da bacia do Orinoco se depositar nas costas e, se esta lama impede a formação de corais, facilita a existência de uma flora e fauna costeiras exuberantes, entre as quais se destacam os peixes de quatro olhos (na verdade, têm dois olhos divididos horizontalmente ao meio, de modo que a metade inferior vê debaixo de água e a metade superior vê acima do nível da água), os tamanduas, os macacos bugios e os macacos-aranha, que são fauna que vê acima do nível da água: Têm dois olhos divididos horizontalmente ao meio, de modo que a metade inferior vê debaixo de água e a metade superior dos olhos vê acima do nível da água), tamanduás, bugios e macacos-aranha, que são fauna que não existe nas outras Antilhas.

Existem numerosos rios e riachos na ilha de Trinidad, sendo os mais proeminentes o rio Ortoire, com 5 km de comprimento, que corre para leste em direção ao Atlântico, e o rio Caroni, com 40 km de comprimento, que desagua no Golfo de Paria. A maior parte dos solos de Trindade são férteis, com exceção do solo instável encontrado na parte sul da ilha.

Trinidad e Tobago, que se situam entre os trópicos, gozam de um clima tropical marítimo influenciado por ventos de nordeste. Em Trindade, a temperatura média é de 26°C e a temperatura máxima média é de 34°C durante o dia e uma média de 20°C durante a noite. A humidade é elevada, sobretudo durante a estação das chuvas, quando atinge uma média de 85%.

A ilha recebe uma média de 2 110 mm de precipitação por ano, geralmente concentrada nos meses de junho a dezembro, quando, em suma, ocorrem frequentemente aguaceiros fortes. A pluviosidade aumenta na faixa norte, onde pode atingir os 3 810 mm. Durante a estação seca, as secas atingem a parte central superior da ilha de Trindade".

VIAGEM À ILHA DE TRINIDAD

Cheguei finalmente à ilha de Trinidad em julho de 2016. Um dos meus maiores sonhos de infância tinha-se tornado realidade. Sempre me entusiasmara pensar na selva e na fascinante flora e fauna que lá vivem, e ali estava ela: a própria selva do delta do rio Orinoco num contexto insular!

Para muitas pessoas, ter-me-ia parecido impossível alcançar estes objectivos. Deixem-me contar-vos como cheguei à floresta de Trinidad e como o acaso me concedeu este grande sonho.

Desde esse ano memorável, concentrei a minha atenção nesta direção. Como referi no início, desde criança que me interessava muito pela selva. Apesar das minhas limitações físicas, o desejo era maior do que nunca, especialmente quando soube que nesta pequena ilha, mais pequena do que a província de Sancti Spíritus, havia verdadeiras florestas tropicais nas planícies.

Por sorte, fomos convidados pela Associação de Escritores de Trinidad e Tobago, que financiaria a nossa estadia com o objetivo de escrevermos um livro sobre a República de Trinidad e Tobago.

Partimos para Havana, chegando ao Terminal Nacional de Autocarros às 12h45 e, uma vez lá, dirigimo-nos à sede da UNEAC, na rua 17 com a H, onde pernoitámos.

No dia seguinte, acordámos às 4:00 e, depois de nos limparmos e vestirmos, apanhámos um táxi para o Terminal Três do Aeroporto Internacional "José Martí", às 8:30, para embarcar no Boing-747 do Grupo Constelation da companhia aérea Copa Airlines, com destino à Cidade do Panamá.

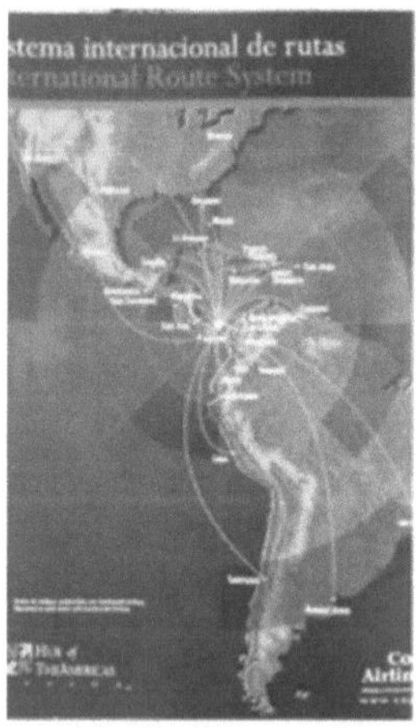

E no avião, sentei-me no lugar da janela, de onde pude observar em pormenor os detalhes da descolagem do avião. O grande pássaro metálico taxiou preguiçosamente em direção à ponta da pista e, uma vez lá, começou a ganhar velocidade gradualmente. Através do ecrã de vídeo situado nas costas do banco da frente e do sistema de som central, a tripulação informava-nos sobre as caraterísticas do avião, convidava-nos a apertar os cintos e dizia-nos o que fazer em caso de desastre aéreo.

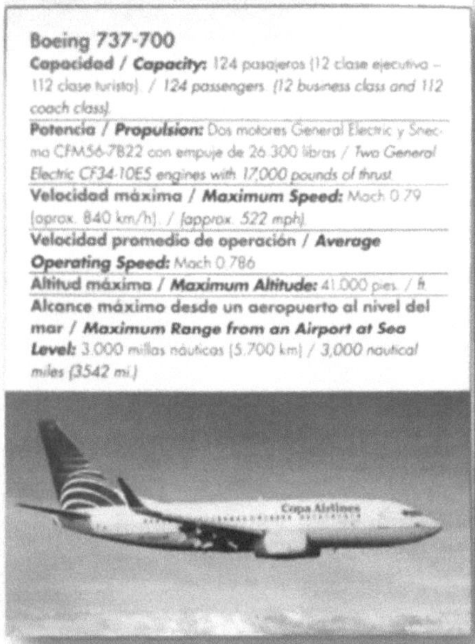

O grande pássaro metálico ia cada vez mais depressa, a paisagem suburbana à volta da aerogare passava diante dos meus olhos de forma vertiginosa, até que de repente o avião saltou e ficou suspenso no ar da capital de todos os cubanos. Segundos depois, pudemos ver as culturas agrícolas, os edifícios e os meios de transporte de Havana, que, daquela altura, pareciam brinquedos. Depois foi o azul das Caraíbas que acrescentou a sua cor à já diversificada paleta de cores. Impressionava os meus sentidos, o infinito aquoso do mar e o gasoso do céu, estendendo-se em direção ao nosso destino a sul.

A seguir, os barcos pareciam pequenos barcos de papel, e o fluxo interminável de nuvens por baixo das asas do nosso avião. As massas de nuvens pareciam-nos figuras de animais e objectos de diferentes formas.

As horas passam e já estamos a sobrevoar o Golfo de Darien, tão magistralmente descrito por Emilio Salgari na sua obra "O Corsário Negro". Momentos depois, a massa imponente dos poucos edifícios altos da Cidade do Panamá, o famoso canal inter-oceânico visto de uma perspetiva aérea. Mais tarde, a manobra oposta à descolagem. O Jumbo vira-se graciosamente para a direita e para baixo, procurando a pista e, uma vez nela, abre os flaps e cai pesadamente no asfalto, com todo o seu peso sobre o trem de aterragem. Depois procurou o para-quedas na porta apropriada do terminal aéreo, onde devíamos descer, e aí desligou os motores.

O aeroporto é espaçoso e parece que em cada pequeno local existe uma empresa, as instalações suportam um grande fluxo de passageiros que chegam ou partem para os destinos mais díspares.

Entrámos num café à procura de alimentos para continuar a nossa viagem, com as mesas de canos e as cadeiras pintadas de vermelho vivo. Julio Miguel Llanes López, o outro escritor convidado, ofereceu-me uma pizza e um café.

- Há mais alguma coisa que queiras? disse ele.
- Só um copo de água. Respondi-lhe.
- Tem apetite?
- Não, é que a minha excitação é tal que nem sequer tenho fome. Mais tarde, fomos para a sala de espera correspondente à porta de embarque do Embriager que nos levaria a Port of Spain. Um avião de porte médio, não tão luxuoso quanto o Boing-737, mas

muito moderno e seguro. Além disso, é um avião brasileiro e isso já foi uma mais valia.

Aí sentámo-nos e tivemos uma conversa animada, iniciada por Llanes, como de costume, caraterística de um grande conversador.

- Vais calçar as botas, rapaz!
- Claro que sim! Esta é uma oportunidade única de visitar a floresta tropical sul-americana na sua variante Orinoco e insular.
- Isso será melhor para si do que qualquer pós-graduação.
- Claro que sei que as experiências aí vividas não serão ultrapassadas por nenhuma outra experiência anterior ou posterior.
- Que bom, tu mereces!

A conversa sobre os nossos planos era tão animada que o tempo se esgotou e ficámos assustados quando ouvimos o anúncio, em inglês perfeito e com sotaque britânico, no sistema de som do terminal do aeroporto, da partida do nosso voo para Piarco. Levantámo-nos bruscamente e ficámos em último lugar na fila de passageiros, que se dedicavam à verificação de rotina dos documentos de viagem.

Divertido como sempre, voltei à realidade quando a bela rapariga me disse: - Posso ajudá-lo? Ela olhou para os meus documentos e disse: - Ockey, vejo-te daqui a cinco minutos. -Muito obrigado", respondi com um sorriso largo, e ela misturou o meu com o seu gesto de chocolate, revelando uma dentadura perfeita.

Dirijo-me então para a porta de embarque, quando Julio já estava a descer a manga em direção ao avião. Fiz o mesmo e, uma vez lá, o meu amigo Llanes e eu tivemos uma breve discussão, pois decidi impor-me ao desejo de me sentar do lado da janela.

- Ei, vais meter o canhão em mim outra vez!
- Sim, meu irmão, sabes como é importante para mim poder contemplar a vista aérea da região.
- Muito bem,... muito bem... não protestem mais, peguem na janela.

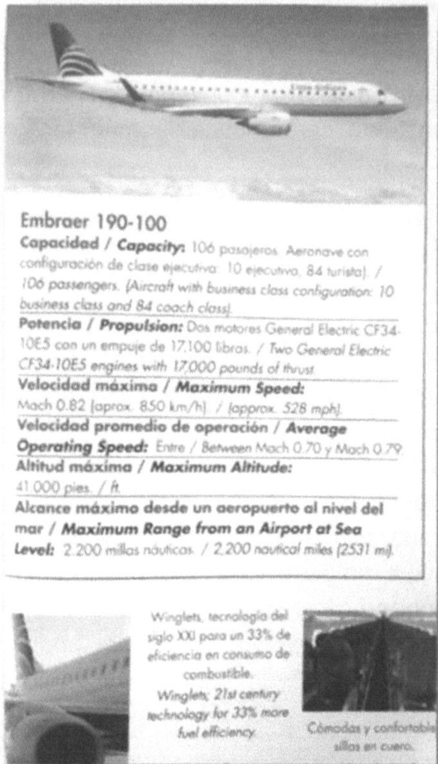

Embraer 190-100

Capacidad / *Capacity:* 106 pasajeros. Aeronave con configuración de clase ejecutiva: 10 ejecutivo, 84 turista). / *106 passengers. (Aircraft with business class configuration: 10 business class and 84 coach class).*

Potencia / *Propulsion:* Dos motores General Electric CF34-10E5 con un empuje de 17.100 libras. / *Two General Electric CF34-10E5 engines with 17,000 pounds of thrust.*

Velocidad máxima / *Maximum Speed:*
Mach 0.82 (aprox. 850 km/h). / *(approx. 528 mph).*

Velocidad promedio de operación / *Average Operating Speed:* Entre / Between Mach 0.70 y Mach 0.79.

Altitud máxima / *Maximum Altitude:*
41.000 pies. / *ft.*

Alcance máximo desde un aeropuerto al nivel del mar / *Maximum Range from an Airport at Sea Level:* 2.200 millas náuticas. / *2,200 nautical miles (2531 mi).*

Winglets, tecnología del siglo XXI para un 33% de eficiencia en consumo de combustible.
Winglets; 21st century technology for 33% more fuel efficiency.

Cómodas y confortables sillas en cuero.

Quando o avião descolou, fiquei surpreendido por ver que o Júlio dormia profundamente, enquanto eu me deliciava a olhar através do vidro para as montanhas escarpadas da Colômbia e da Venezuela.

Os rios eram pequenos fios de prata e as montanhas eram cones de chocolate, cobertos de menta. As aldeias, vilas e aldeias assemelhavam-se a conjuntos de pequenas caixas coloridas. Aquelas paisagens faziam-me lembrar os modelos de ensino de geografia quando eu andava no sétimo ano em Cabaiguán, a minha aldeia de infância em Cuba.

Neste tempo instável, com o céu infestado de pequenas tempestades locais, que geravam grande turbulência para o nosso avião, que voava a dezoito mil pés (cerca de dez quilómetros de altitude) e a uma velocidade de oitocentos e cinquenta quilómetros por hora, o piloto foi obrigado a fazer descidas de mergulho acentuadas, o que acordou Júlio e o fez recordar várias vezes a sua falecida mãe.

Finalmente chegámos ao Golfo de Paria, um enorme braço de mar de cor esmeralda, no extremo nordeste do qual, em frente ao delta do Orinoco, descobri as ilhas de Trinidad e Tobago. Mais tarde, a ilha de Trinidad, que, como que no zoom de uma máquina fotográfica, se aproximava de nós em toda a sua verdura e improvável fisiografia.

Já estou a ver o aeroporto internacional, com a faixa cinzenta da sua única pista! Chegámos!

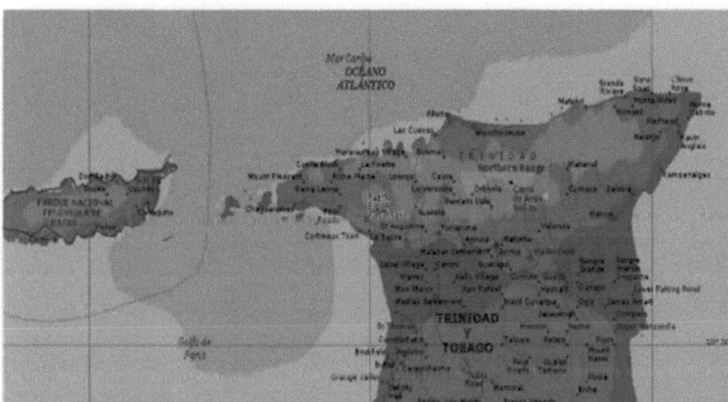

JÁ ESTAMOS EM PIARCO

Ao sobrevoar o espaço aéreo de Trinidad, reparo na presença do terminal aéreo de Piarco, com a fita cinzenta da sua única pista. Alguns minutos depois, aterramos nesta ilha encantada, onde as Caraíbas são ainda mais encantadoras. Mais uma vez, a grande pista, a barriga do Embriaer-190, que parece prestes a bater no pavimento, enquanto os ailerons se desdobram e o trem de aterragem sai como uma boneca surpresa.

A primeira viagem vertiginosa e depois lenta do avião até ser taxiado para a placa de estacionamento correspondente do terminal aéreo acima mencionado.

Este é Piarco, o grande aeroporto das Caraíbas Insulares, enorme e moderno, através das suas paredes e teto de vidro, através do seu átrio principal circular, descobrimos a alma destas ilhas e o seu céu azul-turquesa. É o domínio da tecnologia mais moderna, mas também uma montra de etnias e culturas. Todas as civilizações convergem e se misturam aqui, num incrível concerto tropical de paisagens e sonoridades. É um lugar abençoado, onde qualquer caribenho gostaria de estar, como uma parte da nossa grande pátria caribenha. Encontramo-nos num país estrangeiro e, no entanto, parece-nos que há aqui algo de Cuba, da Jamaica ou do Haiti.

É considerado um dos aeroportos mais modernos das Caraíbas

insulares. O aeroporto foi inaugurado em 8 de janeiro de 1931, para servir a "Compagnie Generale Aeropostale" da Venezuela. Antes disso, a Sabana de Parque de la Reina, o Campo de Mucarapo e o Porto de Cocorite (para hidroaviões) eram utilizados como pistas de aterragem para servir a ilha. Em 2001, foi concluída uma grande ampliação do aeroporto, que incluiu a construção de um novo terminal e de pistas de alta velocidade. O antigo edifício do aeroporto é atualmente utilizado para a movimentação de carga. O aeroporto é o principal centro e base da Caribbean Airlines.

No Aeroporto Internacional de Piarco existem duas vias de circulação de alta velocidade e três vias de circulação de ligação (código ICAO F para novos aviões de grande porte). Tecnologicamente, o aeroporto dispõe de 82 posições de emissão de bilhetes de última geração, operando sob o sistema C.U.T.E. de fibra ótica da SITA, que excede os padrões recomendados pela ICAO e IATA. Dispõe igualmente de um sistema de informação de voo (Flight Information Display System), que serve todos os utilizadores do aeroporto, e de um sistema de informação de bagagem (Baggage Information Display System).

O terminal de passageiros é climatizado e não fumador. Está equipado para receber um tráfego de 1 500 passageiros em hora de ponta, gerido por um sistema de imigração totalmente automatizado e de fácil utilização, que minimiza as longas filas de espera e os inconvenientes para os passageiros. Esta comodidade também se verifica no átrio da alfândega, que dispõe de carrinhos de carga para bagagens de grandes dimensões.
Na base aérea de Piarco está a ser construído um edifício para o administrador/operador da Guarda Aérea de Trinidad e Tobago. Além disso, será construído um aeródromo militar perto da base aérea.

O novo Terminal Norte é composto por 35 964 metros quadrados (380 000 pés quadrados) de edifício com uma disposição total que consiste em três elementos principais: uma estrutura principal no solo, um centro comercial franco de um nível e uma confluência em forma de "Y" de dois níveis.

Os 30 m de tectos em catedral e o vidro nas paredes proporcionam aos passageiros e outros visitantes do Terminal Norte uma sensação de espaço aberto e vistas magníficas (panorâmicas) da savana de Piarco e da Serra do Norte, nas proximidades.

O átrio público tem a maior cúpula de vidro das Caraíbas. O aeroporto é suficientemente grande para receber aviões de grande porte, como o Boeing 747, o Boeing 777 e o Airbus A-340.

O Aeroporto Internacional de Piarco tem uma configuração que consiste no terminal, o edifício principal que inclui três átrios. Estes átrios não estão estritamente identificados como o seu nome indica, mas estão divididos nas seguintes áreas: portões 1-7, portões 8-14 e Tobago, o átrio que serve os voos para Tobago.

A Guarda Aérea de Trinidad e Tobago está sediada no Aeroporto Internacional de Piarco, uma força militar moderna ao serviço do povo de Trinidad e Tobago.

Está a ser planeada uma nova torre de controlo. Terá os radares mais modernos, por oposição à velha torre atual.

A voz de Julio Miguel LLanes López tira-nos da nossa leitura divertida:

- Eu ainda estou na capital, pois tenho de dar uma série de palestras na Universidade das Índias Ocidentais, enquanto tu vais partir com o Sr. Henry para a Estação de Investigação Tropical William Beebe.
- Llanes, desejo-lhe o maior sucesso nas suas conferências.
- E que tenham as mais fascinantes aventuras na vossa viagem à selva!
- Obrigado, sabes que é o que eu mais quero.
- Bem, filho, vemo-nos daqui a uma semana, no nosso regresso a Cuba. Adeus!

Abel embarcou no bam, com destino à Estação de Investigação Tropical William Beebe.

TRINIDAD, A MAGIA DE UMA ILHA

Tive recentemente a sorte de visitar Trinidad, a ilha que o célebre naturalista Beebe utilizou como o seu polígono de campos ímpares. Porto de Espanha é a capital, mas o espírito de cidade, apesar de ser a maior do país, é ténue. É uma mistura desconcertante de progresso e a sensação de estar por um momento no meio de uma aldeia, onde a modernidade surpreende.

Não há muitos edifícios, embora haja alguns, e são coloridos, mas a maioria deles é dedicada principalmente a actividades comerciais ou governamentais, tais como: o Complexo Financeiro Eric Williams, o Centro de Convenções, a sede do governo, a Biblioteca Nacional, o Museu Nacional e a Galeria de Arte.

As pessoas vivem em casas, que descem das "alturas" em direção ao mar, cuja arquitetura é por vezes definida e ao mesmo tempo exala um ar de contemporaneidade. O dia surpreende-nos com milhares de telhados de zinco que fazem lembrar um postal, ainda que sui generis.

Porque Port of Spain parece ter crescido a partir de dentro e é surpreendente ver como, ao lado das casas, cresce a zona industrial: uma central termoeléctrica, um porto, uma fábrica, qualquer empresa ligada à indústria do petróleo e do gás natural - o pilar da sua economia e da de toda a ilha - podem aparecer à medida que se caminha pelo coração da cidade.

A República de Trinidade e Tobago é um arquipélago constituído por duas ilhas principais, a maior das quais é Trinidade, ao largo da costa da Venezuela. Trinidad foi descoberta em 1498 por Cristóvão Colombo, sendo depois colonizada pelos espanhóis, mas no século XVII começou a ser atacada por franceses, ingleses e holandeses que pretendiam apoderar-se deste importante enclave. Foram os ingleses que o conseguiram, mas só em 1802, graças ao Tratado de Amiens, foi reconhecida a propriedade do arquipélago.

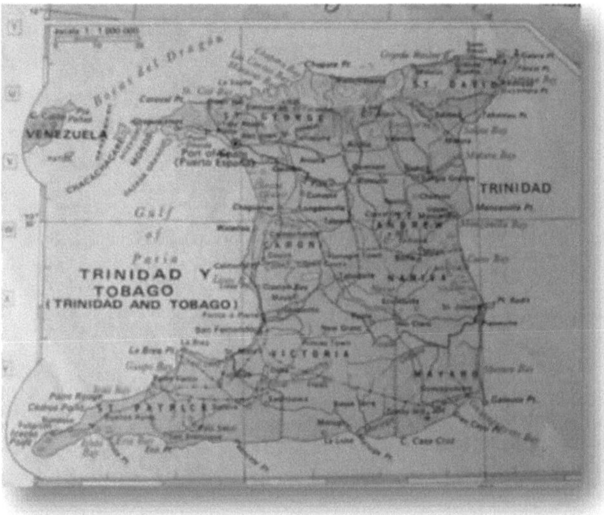

Administrativamente, está dividido em oito condados e é uma república independente desde 1 de agosto de 1976. O chefe de Estado é o Presidente da República.
O maior grupo religioso do país é o católico, com 370 000 seguidores, seguido do protestante, com 283 562 seguidores, e a uma distância considerável de outros grupos mais pequenos, como os hindus e os muçulmanos.

O ensino é gratuito nos níveis primário e secundário. O ensino superior é ministrado pela Universidade de Santo Agostinho (desde 1960) e por algumas faculdades. A língua oficial é o inglês.

Entre o Golfo de Paria, as colinas da Cordilheira do Norte e o pântano de Caroni - na ilha de Trinidad, maior e mais povoada do que Tobago e o resto das pequenas ilhas que compõem a nação arquipelágica - nasce esta cidade que se diz ter ganho parte da terra ao mar, e que alberga os maiores bancos das Caraíbas, e um dos centros de transporte marítimo mais importantes desta zona.

Porto de Espanha, creio, mal conserva dos seus anos de colónia espanhola os nomes das regiões, ruas e casas que herdou, como a rua Chacón, que se diz ser a memória do último governador hispânico. Porque este país foi profundamente marcado pelos quase dois séculos de colonização britânica.

Aqui, os trinidadianos passam o ano a preparar-se para um acontecimento que faz parar tudo de doze em doze meses, o carnaval, que é um dos mais antigos, maiores e mais luxuosos do mundo e uma das festividades mais importantes do país no ciclo anual da sua cultura. É a altura em que chega à ilha o maior número de turistas e onde reina a Soca, um ritmo afro-caribenho nascido do Calypso. O desfile termina na Gran Sabana de la Reina, que fica no centro da cidade e é um campo maior do que dois estádios de futebol. Diz-se que o seu rico proprietário o doou à cidade com a condição de que nada fosse construído sobre ele. E assim é.

Não existe um sistema de transportes públicos completo. Não existem caminhos-de-ferro e os autocarros são raros. O mais próximo disso são os mini-autocarros privados, conhecidos localmente como mini-táxis, que cobrem os corredores leste, oeste e sul da cidade.

Se quiser ter uma das melhores vistas, basta ir ao Forte George, a cerca de 1.700 pés acima do nível do mar, de onde, em dias claros, se podem ver as montanhas da Venezuela a oeste. Inicialmente chamado La Vigia, fazia parte de um complexo de fortificações para proteção contra a frota napoleónica, mas nunca foi concluído e a sua construção foi abandonada como a maior posição defensiva da ilha de Trinidad, embora nunca tenha sido alvo de qualquer ação militar.

Os trinidadianos dizem que é preciso vir a Port of Spain e a Trinidad & Tobago para falar das Caraíbas. Dizem também que não faltam componentes à mistura que habita estas ilhas, com afro-descendentes, hindus, muçulmanos, canadianos, portugueses, ingleses e latino-americanos.

Há "Torres Gémeas" em Trinidad. É assim que os trinidadianos chamam ao Complexo Financeiro Eric Williams, situado na Praça da Independência, em Port of Spain.

E não há nenhum edifício mais alto em Trinidad e Tobago, ou em todas as Caraíbas anglófonas, do que este par de arranha-céus de 22 andares e 92 metros de altura. A primeira torre do complexo abriga o Banco Central do país, enquanto a segunda torre abriga o Ministério das Finanças.

Eric Williams Place tem o nome oficial do antigo Primeiro-Ministro da nação (Eric Eustace Williams) e também de um notável historiador e fundador do People's National Movement (1955).

Existe um outro edifício com o mesmo nome, o Eric Williams Medical Sciences Complex, que funciona como Hospital Universitário da República, associado à Universidade das Índias Ocidentais (West Indians University).

Por fim, não quero deixar de referir a nossa visita ao Museu Nacional, situado num edifício centenário, é composto por dois pisos de exposição, o primeiro dedicado à história das principais indústrias do país, destacando-se entre elas a extração de petróleo e gás, enquanto o primeiro piso apresenta uma exposição panorâmica que parte da natureza do território para depois abordar a fase aborígene, seguida da colonial e, por fim, as etnias que compõem esta colorida nação, tudo exposto através de uma série de dioramas, vitrinas, gigantografias e textos auxiliares de primoroso acabamento.

UM ENCONTRO COM O LEGADO DE WILLIAM BEEBE

Mas se uma visita ao Museu é emocionante, uma viagem a Simla é ainda mais extraordinária. Que emoção é visitar a estação de campo do grande naturalista cujo nome ostenta agora a Estação de Investigação Tropical William Beebe (WBTRS), localizada no Vale de Arima, na Cordilheira do Norte de Trinidad, fundada pelo Dr. Beebe em 1949 como uma Estação de Investigação Tropical da Sociedade Zoológica de Nova Iorque. O Dr. Beebe mudou-lhe o nome para "Simla" após a sua campanha pela parte indiana dos Himalaias, durante a qual publicou a monumental obra "A Monograph of the Pheasants". Em 1950, doou o local à Sociedade Zoológica de Nova Iorque, atualmente a Wildlife Conservation Society.

Beebe foi um cientista, aventureiro e escritor americano, considerado "o pai da ecologia neotropical". Visitou Trinidad pela primeira vez em 1908 e apaixonou-se pela vida selvagem desta terra.

A Zoological Society of New York patrocinou a estação até à década de 1970, período durante o qual a estação desenvolveu importantes estudos de ecologia neotropical, botânica, entomologia, ornitologia, herpetologia, bem como de morcegos, peixes e crustáceos. Muitos destes trabalhos foram publicados na *Zoologica,* a revista científica da Sociedade. No total, foram publicados 306 artigos com base no trabalho efectuado na estação de campo durante os mais de 50 anos da sua existência.

O Dr. Beebe morreu em Simla em junho de 1962 e o Dr. Marc Buchanan continuou como Diretor até 1970, altura em que a estação de campo foi encerrada devido à incapacidade de suportar os custos de manutenção. Seguiu-se um período de dormência até Simla ser doada ao Asa Wright Nature Center (AWNC) em 1974, altura em que o AWNC manteve a estação de campo ativa para facilitar a investigação tropical.

A WBTRS é gerida pelo Asa Wright Nature Centre, um fundo criado para a educação e conservação ambiental. Todas as receitas são utilizadas para cobrir os custos de funcionamento da estação. O AWNC subsidia a investigação científica e o Simla fornece a logística a baixo custo e assegura o apoio de um assistente de investigação em permanência. Além disso, a AWNC assume o défice anual de capital exigido pela Simla.

[00]A Estação de Investigação Tropical William Beebe está localizada no Vale Arima da Cordilheira Norte da Ilha de Trinidad, a uma latitude de 10 41' 1" N e a uma longitude de 61 17' W. A Ilha de Trinidad está situada no delta do Rio Orinoco e, em termos biológicos, é sul-americana, tendo estado ligada ao continente há 11 000 anos antes do presente. O vale de Arima situa-se

aproximadamente na parte central da cordilheira norte de Trinidad e é irrigado pelo rio Arima, bem como pelo rio Caroni, a sul.

Localizado a cerca de 800 pés (aproximadamente 240 m) de altitude, o WBTRS recebe anualmente 2 590 a 3 070 mm de precipitação e o seu clima é considerado tropical. Sazonalmente, há um período seco de janeiro a maio e a estação das chuvas é de junho a dezembro. A estação de campo tem uma área de 211 hectares com bons acessos nacionais. Além disso, mais de 1.000 acres anexados ao AWNC também estão disponíveis para actividades de investigação.

A vegetação da Estação de Investigação inclui uma matriz de floresta perene sazonal, floresta de planície (floresta tropical) e plantações de cacau em vários estádios de sucessão (Beebe, 1952). Uma grande parte das espécies de vida selvagem conhecidas da ilha foi registada em Simla (por exemplo, 164 espécies de aves, 27 espécies de serpentes e 16 espécies de anfíbios). Além disso, esta localização central na cordilheira setentrional permite um acesso relativamente fácil a outros tipos de habitats importantes da ilha.

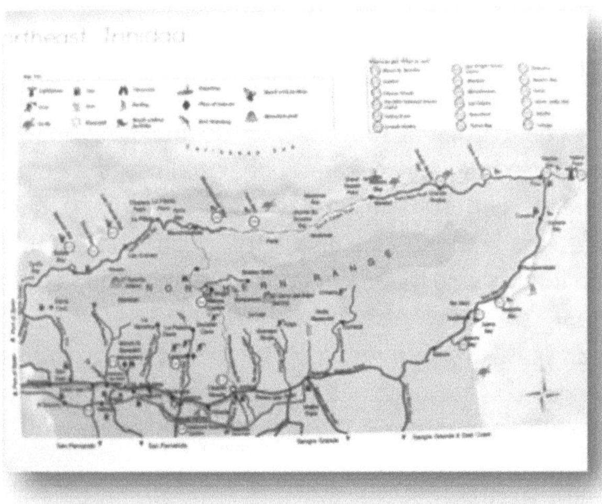

ANTES DE IR PARA A SELVA

Eu sabia, através da literatura científica, que as florestas tropicais crescem numa grande faixa equatorial onde a temperatura, a precipitação e a duração do dia quase não variam de estação para estação. A combinação de temperaturas quentes, muita chuva e duração constante do dia contribui para um ambiente em que o crescimento e a reprodução das plantas são basicamente independentes da época do ano, de modo que as folhas, as flores e os frutos estão sempre presentes para alimentar os animais.

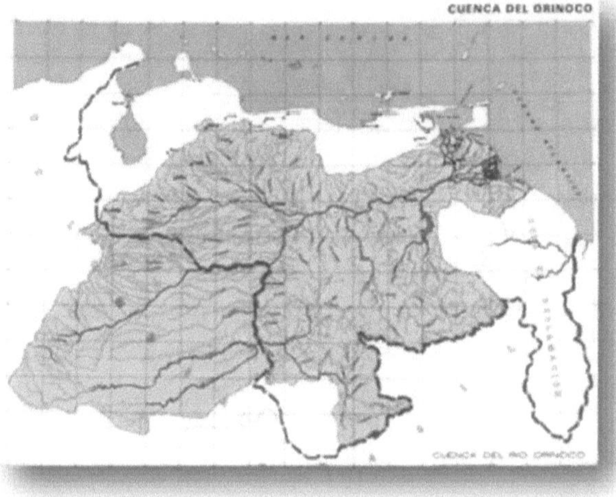

A floresta tropical densa é uma selva estratificada: as copas das árvores da floresta tropical formam um dossel contínuo (estrato superior), acima do qual sobressaem ocasionalmente as copas das árvores gigantes. Um piso inicial de árvores mais pequenas e plantas trepadeiras lenhosas, ou lianas, produzem uma selva de tal complexidade interna que muitos animais, mesmo alguns de grande porte, raramente ou nunca descem ao solo. No interior da floresta, a competição pela luz é intensa e muitas plantas conseguem aproximar-se do sol trepando às grandes árvores ou crescendo como epífitas nos seus ramos e troncos. As árvores de médio porte formam um estrato intermédio bastante contínuo.

Apesar do mito da selva como um emaranhado impenetrável de vegetação, o solo é tão escuro que poucas plantas crescem em comparação com outros tipos de regiões naturais, exceto nas clareiras ensolaradas criadas quando uma árvore é derrubada pelo vento e pelos deslizamentos de terra. O microclima é desfavorável, pois embora a decomposição da matéria vegetal aumente a taxa de dióxido de carbono, o oxigénio é escasso, o que constitui um obstáculo à respiração. Devido à rápida reciclagem dos nutrientes para a vegetação, os solos florestais são bastante pobres.

Embora a diversidade das espécies florestais seja lendária, muitas das árvores são superficialmente bastante semelhantes: as folhas que libertam água das suas pontas afiadas são caraterísticas de muitas espécies não relacionadas; como não há necessidade de uma copa espessa e impermeável na floresta, a casca tende a ser fina; as raízes com contrafortes podem aumentar a estabilidade em solos pouco profundos ou encharcados. À medida que a distância do equador aumenta, as diferenças sazonais tornam-se mais pronunciadas e o número de espécies caducifólias aumenta, mas como cada espécie deixa cair as suas folhas em períodos diferentes e as folhas são constantemente renovadas, a semelhança entre as florestas semi-perenes e as florestas perenes é estreita.

A floresta tropical da bacia amazónica é frequentemente considerada como a floresta tropical por excelência e é, de facto, extraordinariamente diversificada em espécies de fauna e flora, a maioria das quais ainda não classificadas. O bloco de floresta tropical da Amazónia é o maior da Terra e, apesar da intrusão populacional em muitos locais, permanece relativamente intacto. Na bacia do rio Orinoco e, sobretudo, no seu delta, desenvolvem-se selvas extensas e intrincadas. Ao lado destas selvas continentais, manchas de floresta tropical das Caraíbas ainda cobrem partes das Antilhas.

A floresta tropical é definida como uma formação florestal caracterizada por uma vegetação luxuriante e temperaturas e precipitações relativamente elevadas ao longo do ano. As florestas tropicais são os ecossistemas com maior diversidade biológica do mundo. Embora ocupem menos de 7% da superfície da terra emergente, contêm mais de 50% (alguns cientistas dizem que mais de 90%) das espécies vegetais e animais do mundo. Um hectare de floresta tropical pode conter mais de 600 espécies de árvores. A título de comparação, as florestas dos Estados Unidos e do Canadá juntas têm apenas cerca de 700 espécies de árvores. O número de espécies animais encontradas nas florestas tropicais é ainda maior. Num estudo, foram encontradas mais espécies de formigas num tronco de árvore de uma floresta tropical do que em todas as Ilhas Britânicas.

Para classificar uma floresta como floresta tropical, é necessário que as copas de suas árvores se toquem e se entrelacem entre si, formando uma cúpula de vegetação que dificilmente permite a passagem da luz. Além disso, deve apresentar temperaturas elevadas e chuvas abundantes durante todo o ano.

A precipitação nas florestas tropicais varia entre 1 800 mm e 9 000 mm por ano. O que distingue uma verdadeira floresta tropical é a distribuição da precipitação ao longo do ano, uma vez que não existe uma estação seca. Todos os meses cai um mínimo de 100 mm de água sob a forma de chuva. Se uma floresta tropical tem períodos secos, estes são geralmente curtos e imprevisíveis.

Em muitos climas, o vapor de água da chuva é transportado para cair sob a forma de chuva em locais distantes, mas nas florestas tropicais quase 50% da precipitação provém da evaporação local. O ar quente e húmido que flutua numa floresta tropical forma um microclima que não permite a saída de muita água. Grande parte da chuva que cai numa floresta tropical fica nas copas das árvores mais altas. Parte da água escorre pelas folhas e troncos até às árvores e plantas mais baixas, mas uma boa percentagem evapora-se e condensa-se sob a forma de pequenas gotículas que flutuam na atmosfera húmida. Ventos suaves e constantes elevam estas gotículas para camadas mais altas da atmosfera, onde arrefecem e formam nuvens. Quando um número suficiente destas gotículas arrefece, condensam-se e caem sob a forma de chuva, recomeçando o ciclo.

Apesar da incrível exuberância e variedade da sua flora, uma das particularidades das florestas tropicais é o facto de os solos em que se encontram serem frequentemente pobres em nutrientes que podem ser absorvidos pelas raízes das plantas. Os nutrientes minerais foram arrastados por chuvas intensas e temperaturas elevadas ao longo de milhares de anos. Para compensar esta deficiência, a maioria das árvores tropicais absorve o máximo de nutrientes que consegue e armazena-os nas suas camadas interiores. Quando uma árvore tropical morre, os seus nutrientes decompõem-se e vão para o solo. Em vez de serem armazenados no solo, como aconteceria numa floresta temperada, os nutrientes são rapidamente absorvidos por outros organismos vivos.

A estrutura de uma floresta tropical é diferente de outros tipos de floresta devido ao número de camadas de vegetação, conhecidas como estratos. O estrato mais baixo é a vegetação rasteira, composta por palmeiras, plantas herbáceas (como o gengibre silvestre), flores e rebentos. Apenas 2% da luz solar atinge este estrato, pelo que as espécies que o habitam desenvolveram adaptações especiais para sobreviverem com pouca luz. Muitas têm uma coloração avermelhada na parte inferior das suas folhas para captar alguma da escassa luz que chega ao sub-bosque. Esta coloração permite que as plantas absorvam a luz de um espetro diferente do das plantas verdes exuberantes da copa das árvores. Acima do sub-bosque, mas abaixo do dossel, há um ou mais estratos de plantas lenhosas, como arbustos de grande porte e árvores de altura média.

O telhado é o dossel, no qual a copa das árvores forma uma camada contínua que capta a maior parte da água da chuva e da luz solar que chega à floresta. A altura do dossel depende da região e do tipo de floresta, e pode variar entre 20 e 50 m. O dossel verdejante explode de vida, e os botânicos inventaram métodos engenhosos para aceder a este misterioso ecossistema. Os investigadores utilizam balões de ar quente, cabos, passadiços, torres, aparelhos sofisticados para trepar às árvores e até robots para estudar os milhões de plantas e animais que vivem na copa das árvores. Os estudiosos deste ecossistema utilizam também gruas de grande porte.

lançados de helicópteros para o coração da floresta. Suspensa do braço longo e móvel da grua está uma grande gôndola que funciona como um laboratório móvel. Saltando de árvore em árvore, os biólogos recolhem amostras, fazem experiências e observam a vida no limite da copa das árvores.

O estrato mais alto da floresta tropical é formado por árvores emergentes, aqueles espécimes que se destacam acima do dossel da floresta. As emergentes, que não formam um dossel contínuo, são geralmente os gigantes da floresta, atingindo alturas de 35-70 m e até mais, com troncos de mais de 2 m de diâmetro. Menos de 1% das árvores florestais pertencem ao dossel ou emergentes. No entanto, são frequentemente tão grandes que, entre si, representam a maior parte do povoamento ou da biomassa da floresta.

A bela disposição em camadas da floresta tropical, incluindo a camada contínua do dossel, é regularmente perturbada por eventos naturais, como a queda de árvores.

As árvores de uma floresta tropical estão frequentemente ligadas por trepadeiras e, quando uma árvore cai, pode derrubar outras, produzindo um efeito dominó. A clareira assim aberta na copa da floresta permite que a luz chegue ao solo da floresta. Novas plantas e animais deslocam-se para a área e começam a crescer.

Outras perturbações naturais podem abrir clareiras ainda maiores. Por exemplo, ao longo da zona fustigada por furacões no Mar das Caraíbas e da zona de tufões no Pacífico ocidental, algumas florestas são substancialmente alteradas quando tempestades e ventos fortes derrubam centenas de árvores de poucos em poucos anos. Os cientistas descobriram que estas perturbações naturais e a regeneração florestal resultante fazem parte de um processo natural que produz florestas tropicais saudáveis e diversificadas.

Os ecossistemas das florestas tropicais contêm mais espécies de plantas e animais do que qualquer outro habitat no mundo. Embora a sua extensão se tenha expandido e contraído com as alterações climáticas ao longo dos últimos milhões de anos, as florestas tropicais encontram-se geralmente entre os ecossistemas mais antigos da Terra. Como resultado desta continuidade, as florestas tropicais albergam milhões de espécies diferentes, muitas das quais são endémicas ou exclusivas do habitat da floresta tropical.

Embora contenham numerosas espécies, as florestas tropicais são notavelmente uniformes no seu aspeto geral. Muitas árvores têm troncos altos e finos, que não se ramificam até perto da copa. As sumaúmas são suportadas por suportes espessos que podem atingir mais de 10 m de comprimento. Estes suportes fornecem o apoio necessário às árvores da floresta tropical, que são mais pesadas na copa, uma vez que os solos pobres em nutrientes da floresta tropical resultam em raízes frágeis e ocas. A casca das árvores da floresta tropical é geralmente fina e lisa. Excepções notáveis são as palmeiras, que são comuns em algumas florestas tropicais, mas ausentes de quase todos os outros tipos de floresta.

As plantas da floresta tropical têm muitas caraterísticas físicas únicas para tirar partido do habitat particular, ou nicho ecológico, ocupado por essa espécie. As plantas dos níveis inferior e médio da floresta, como as relacionadas com a bananeira, tendem a ter folhas especialmente grandes para captar o máximo de luz possível, ou seja, a pouca luz que ainda não foi interceptada pela copa das árvores. Estas folhas grandes não secam como aconteceria se estivessem no alto da floresta, onde a radiação solar intensa cria um ambiente mais seco. Estas tendências, no entanto, podem mudar quando o ambiente é alterado. As árvores de copa mudam a sua forma ao longo da sua vida, dependendo do ambiente circundante. As folhas tornam-se normalmente mais pequenas à medida que a árvore cresce. Em alguns casos, as folhas dos espécimes juvenis podem ser quase dez vezes maiores do que as dos adultos da mesma espécie.

No solo pobre em nutrientes da floresta, muitas plantas como a *Astrocaryum sciophilum, que* pertence à família das palmeiras e tem o tamanho de uma pessoa, recolhem os detritos que caem de outras plantas através das suas folhas em forma de taça para formar o seu próprio reservatório de compostos orgânicos.

As florestas tropicais são também o habitat de plantas insectívoras, que recolhem grande parte dos seus nutrientes capturando animais - especialmente insectos - com as suas folhas. Entre as plantas insectívoras encontram-se as plantas-jarro. Os insectos pousam nas suas folhas em forma de tubo e depois deslizam para uma cavidade, o jarro, localizada no caule e cheia de sucos digestivos. Aí, o inseto é rapidamente dissolvido e os nutrientes que contém são armazenados pela planta.

As florestas tropicais estão muitas vezes repletas de plantas trepadeiras, como as palmeiras de rotim. Estas trepadeiras grossas e lenhosas (até 25 cm de diâmetro) encontram-se frequentemente agarradas às árvores, trepando até à copa das árvores e penduradas na copa das árvores. Ao trepar às árvores, estas lianas expõem as suas folhas e flores à luz do sol, às aves e aos insectos, sem gastar a energia necessária para construir os seus próprios sistemas de suporte. As epífitas, como os musgos, as bromélias e as orquídeas, crescem nos troncos das árvores ou nas intersecções dos ramos. Sem raízes permanentes no solo, as epífitas têm de obter os seus nutrientes de outras plantas vivas, ou capturando água e matéria orgânica à medida que caem no chão da floresta. As bromélias podem armazenar até 38 litros de água nos tanques que formam com as suas folhas sobrepostas. Muitas delas vivem harmoniosamente com os seus hospedeiros, embora algumas sejam menos benignas. As plantas estranguladoras, que começam como epífitas, germinam em árvores no dossel da floresta e enviam raízes para o solo. À medida que crescem, estes parasitas envolvem os seus hospedeiros até os estrangularem literalmente, altura em que se transformam eles próprios em árvores.

VOANDO SOBRE A SELVA

Parece incrível, não é, rapaz? Abel sentou-se silenciosamente ao lado do piloto, ainda não totalmente recuperado da excitação da descolagem matinal da terra batida de Simla, um pouco sonolento depois de uma noite sem dormir, mas interiormente ansioso e curioso, e olhando com os olhos arregalados para o maravilhoso espetáculo em constante mudança que se desenrolava por baixo deles. Ao longe, podiam ver aquele sol estranhamente velado, saindo da névoa como uma bola vermelha, avançando em direção a eles, cada vez mais brilhante, e depois sendo novamente absorvido pela névoa.

Os seus olhos espantados contemplaram os picos das montanhas de Trinidad, ora brilhando avermelhados à luz do sol, ora parecendo flutuar, sombrios e frios, por entre as nuvens; as ravinas, de onde a névoa se erguia ao longo das íngremes faces rochosas; selvas cobertas por aquele mar de névoa mais sentido do que visto.

Novos picos, novas ravinas, novas nuvens, novas florestas... neblina, sol, neblina, sol.
De repente, pareceu a Abel como se tudo fosse um sonho: estar aqui sentado ao lado do piloto, tão alto sobre a terra e até sobre as nuvens. O ruído monótono do motor, a vibração do avião, ecoando no seu próprio corpo, incessantemente, como se nunca mais acabasse. Por fim, a angústia que sentira no início deixou-o. Nada

de mal lhe podia acontecer, estando ao lado do seu grande amigo.

Com cautela, pousou a mão no ombro do companheiro, que o olhou sorrindo.

- Isso é maravilhoso, Jack!
- É mais bonito do que um romance de Emilio Salgary ou um jogo de futebol, não é?
- Muito mais bonito, muito mais bonito!

Este voo fantástico foi como um presente de aniversário do seu amigo. Principalmente de manhã. Sempre quis ir para a selva. Certamente que Julio Miguel Llanes López tinha chegado a um acordo com Jorge Luis Aneiros, Reitor da Universidade de Spiritan.

O avião, um Cessna 336-Skaymaster muito antigo, mas ainda em condições de voo, servia a Estação de Investigação Tropical William Beebe. Este voo destinava-se a apoiar uma expedição à floresta tropical.

Abel recostou-se confortavelmente no seu assento. O zumbido do motor e a sua vibração davam-lhe sono. Tal como olhar constantemente para o exterior. Abel caiu num sono leve, do qual era constantemente acordado de cada vez que a sua cabeça se inclinava para a frente. Depois, durante alguns segundos, via o rosto sorridente de Jack, o sol, as manchas claras de nevoeiro, os cumes das montanhas e das florestas. Estar acordado e sonhar eram uma e a mesma coisa.

De vez em quando, a voz do seu colega vinha despertá-lo do seu sono.

- As planícies.

Dos livros que tinha lido e das suas experiências pessoais de trabalho de campo em Cuba, já conhecia aquelas vastas savanas, que se estendiam ao longo do sopé da cordilheira, entre os rios da montanha, interrompidas por tufos de árvores e arbustos. Mas era algo muito diferente ver tudo isto com os próprios olhos e num cenário diferente. Uma vez, uma fina coluna de fumo ergueu-se e ele conseguiu ver algumas pessoas, pequenas como escaravelhos, a caminhar por entre a vegetação rasteira. Abel pegou nos binóculos que tinha colocado no banco entre ele e o pai para os ver melhor. Por vezes, como um espelho baço, brilhava uma lagoa rodeada de canas e arbustos ou um ramo fino de um rio. Para além disso, durante longos trechos, só se viam extensões planas de um verde profundo e pequenas cadeias de colinas. À frente, de novo, pessoas e animais caminhavam uns atrás dos outros, numa linha irregular. Quantos dias seriam necessários para percorrer uma distância que o avião percorreu num par de horas?

Após uma hora de voo, aterraram no aeródromo de Port Roy, reabasteceram os tanques e descolaram novamente. O piloto tinha deixado claras as suas intenções científicas e literárias para o voo.

Quando já estavam a voar há dez minutos, o piloto entregou o mapa a Abel e, apontando para um ponto, fez-lhe sinal com a cabeça para que olhasse para o lado.

- O rio Caroni!

Leu o nome no mapa e depois seguiu o gesto do piloto com os olhos. Não conseguia ver o rio em si, mas adivinhou que devia estar no meio da faixa de selva que se estendia por baixo deles.

Olhou para a sua bússola. Estão a voar para oeste. Atravessam várias vezes cursos de água menores que, durante alguns segundos, cintilam por entre a selva. Sem dúvida, afluentes do Caroni.

O piloto conduziu o avião numa curva suave, seguindo o curso do rio maior durante algum tempo, descendo depois abruptamente. Abel olhou para o altímetro: 170 metros acima de vários pequenos rios. O avião estava a voar a uma altitude de cerca de 500 metros. Agora fazia as curvas um pouco mais acentuadas e descia um pouco mais. Mas, por mais que observassem, não viam o esperado sinal de fumo a surgir do confuso conjunto de selvas, clareiras, pântanos e rios. O avião estava a subir novamente. O piloto voltou a estudar o mapa e o esboço.

- Fizemos o percurso correto. Tudo está de acordo com o esboço e o mapa do local indicado. Vamos repetir. Talvez tenhamos passado demasiado depressa. Talvez não tenham tido tempo para acender a fogueira.

O piloto tentou outra tática. Levantava o avião de cada vez que fazia a curva, fazia o motor soar alto e depois deslizava para baixo, apenas para recuperar altitude quando se aproximava da cadeia de colinas. Uma vez, levantou as mãos num gesto de desespero mudo e resmungou algumas palavras entre os dentes....

DESEMBARQUE NA SELVA

Estão a voar para sudeste. Uma parede acinzentada era visível no lado ocidental, e parecia que a vista se tornava cada vez mais velada a cada segundo que passava. Alguns minutos mais tarde, quase sem transição, encontram-se a voar no meio de um crepúsculo cinzento-esverdeado.

Finalmente, a fogueira! As línguas avermelhadas das chamas, indicando à tripulação do avião a direção certa para aterrar na clareira improvisada, junto à selva intrincada.

O navio, que aponta o nariz da hélice para a clareira improvisada junto à floresta, uma turfeira compactada pelo esforço humano, na ausência de tecnologia moderna adequada a uma paisagem tropical tão acidentada.

Estou já a alguns metros da selva, uma catedral de ramos e folhas que se projectam do chão para o céu, as colossais árvores centenárias que picam as nuvens com as suas copas a intervalos de trinta a quarenta e cinco metros de comprimento dos seus troncos.

Enquanto voava, lembrou-se do que tinha estudado: "...Quase 90% das espécies animais da floresta tropical são insectos, e a maior parte deles são escaravelhos. Uma única árvore tropical pode albergar mais de 150 espécies de escaravelhos. Por viverem no alto da copa das árvores, a maioria destes escaravelhos e outras espécies de insectos escaparam aos cientistas até recentemente, quando a tecnologia permitiu o acesso ao estrato superior. Até hoje, os cientistas não sabem ao certo quantas espécies animais existem no mundo, em grande parte porque identificaram apenas uma pequena fração dos milhões (alguns dizem que chegam a 30 milhões) de insectos que vivem na floresta tropical.

Entre os insectos já descobertos, os mais fascinantes são as formigas cortadeiras, notáveis porque cultivam o seu próprio alimento. Estas formigas cortam as folhas de certas plantas e levam-nas para os seus ninhos subterrâneos, onde as fertilizam com saliva. Este processo cuidadoso faz crescer um fungo particular, que as formigas recolhem e que é a sua única fonte de alimento.

[2]Em 15 km de floresta tropical podem existir até 100 espécies diferentes de mamíferos. Estes animais ocupam todos os nichos ecológicos possíveis, desde as tocas no chão da floresta até aos ramos das árvores emergentes.

A maior parte dos mamíferos das florestas tropicais são noturnos (activos à noite) ou crepusculares (activos ao amanhecer ou ao anoitecer) e passam a parte quente do dia a dormir. De facto, quase metade dos mamíferos das florestas tropicais são morcegos - mamíferos voadores notáveis pela sua atividade nocturna - alguns mamíferos tropicais, como as antas, as cutias e os javalis, habitam o solo, mas a maioria, tal como os insectos, prefere o alto dossel da floresta. Os habitantes deste dossel desenvolveram toda uma panóplia de caraterísticas fascinantes para sobreviverem nos ramos das árvores. Muitos macacos tropicais da América Central e do Sul utilizam as suas caudas especializadas em agarrar ramos como um quinto membro para trepar, comer ou mesmo brincar no alto da copa.

A preguiça-de-três-dedos passa a maior parte da sua vida indefesa, pendurada de cabeça para baixo nos ramos das árvores. Para despistar os predadores, os seus movimentos são tão lentos que são praticamente indetectáveis, mesmo para as onças mais desconfiadas. A preguiça desenvolveu também uma relação com uma planta tropical, o que a torna ainda mais esquiva: embora tenha um pelo acastanhado, a preguiça confunde-se com o seu ambiente natural verde, porque um tipo particular de algas verdes vive no seu pelo.

Tal como acontece com este tipo de algas e com a preguiça, muitas plantas e animais da floresta tropical dependem uns dos outros, ainda mais do que noutros ecossistemas. Por exemplo, 90% das árvores dependem de animais para dispersar suas sementes. Em comparação, noutros tipos de floresta, 50% ou mais das árvores utilizam o vento para o fazer. Estas relações entre plantas e animais são benéficas para ambos. Alguns animais protegem as espécies vegetais dos predadores, enquanto as plantas fornecem abrigo. Por exemplo, muitas plantas tropicais, como as serpentes, têm estruturas ocas nos seus caules que as formigas mordedoras utilizam como abrigo. Em troca de um lugar para viver, as formigas protegem a planta, afugentando potenciais predadores (plantas trepadeiras ou animais esfomeados) assim que descobrem a sua presença.

Em alguns casos, as espécies são tão dependentes umas das outras que não podem viver separadamente. Por exemplo, todos os tipos de figueiras dependem de uma ou mais espécies de vespas e vice-versa. Sem a tarefa de polinização efectuada pelas vespas, as figueiras não poderiam reproduzir-se e enfrentariam a extinção; e sem abrigo para os seus ovos e larvas, um destino semelhante aguardaria as vespas.

Outros animais que habitam o espaço terrestre de Deltan e

Trinidadian são: araras, acures, chigüires, báquiros, antas, veados, onças, a jaguatirica, tamanduás e tamanduás-bandeira, o cachicamo, iguanas, vários tipos de cobras e muitas espécies de aves terrestres, costeiras e marinhas; entre elas araras, papagaios, moriches, gaios, patos, perus, paujíes, coitoras, galinetas, garças, cidras, arucos e tucanos.

Quanto aos peixes da fauna aquática, temos os seguintes: morocoto, cachama, zapoara, coporo, arapaima, guasa, lebranche, cazón e outros; há também babas, jacarés, tartarugas, peixes-boi e golfinhos.

As florestas tropicais também reúnem um grande número de animais exóticos, como papagaios, tucanos, beija-flores e macacos, que são muito valiosos como animais de estimação.

Uma alternativa em algumas florestas é o abate sustentável, em que as árvores são cuidadosamente selecionadas para minimizar o impacto no ecossistema. Outras comunidades colhem e vendem produtos biológicos, como sementes de plantas valiosas (nozes de tagua ou castanhas do Brasil), enquanto outras se dedicam à produção e comercialização de medicamentos e drogas para reforçar e diversificar as suas economias. Outra alternativa cada vez mais popular é a criação de belas borboletas tropicais. Em muitas comunidades das florestas tropicais, o ecoturismo (um tipo de turismo baseado no estudo da natureza e em actividades ao ar livre com um impacto ecológico mínimo) tem proliferado como forma de atrair recursos económicos, preservando simultaneamente o seu frágil ecossistema tropical.

O SAFARI NA SELVA EM TRINIDAD

Comecei a caminhar sob um túnel de vegetação e, ao aproximar-me de um lago, mergulhei um pau na lama. A água lamacenta jorrou da sua boca e um urro subterrâneo abanou a margem do lago. O som dificilmente poderia ter vindo de uma anaconda, a grande jiboia sul-americana que estávamos a procurar.

Nem mesmo uma cobra seria dona daquele grande dente amarelo que eu mal conseguia distinguir na escuridão. "Isso resolve tudo", disse Jack Donne, líder da nossa expedição de observação de animais para o Departamento de Engenharia Florestal da Universidade de Sancti Spíritus José Martí Pérez à Ilha Trinidad. "É um jacaré."

O réptil furioso escapa a uma armadilha. Estávamos longe, na região do rio Caroni, no sudoeste da ilha de Trinidad, na floresta tropical perto da Venezuela. Naquele momento, cerca de 20 índios Macushi, de pele acobreada, observavam-nos, a uma distância segura.

O jacaré-preto ou jacaré-de-papo-amarelo *(Caiman crocodilus),* primo próximo do jacaré e do crocodilo, possui duas armas ofensivas: em primeiro lugar e obviamente, as suas enormes mandíbulas; em segundo lugar, a sua cauda imensamente poderosa.

Felizmente, neste caso, só tivemos de tratar de uma extremidade de cada vez. Tendo vislumbrado aquele dente, eu sabia com que lado me devia preocupar. Trabalhando rapidamente, cortámos mudas e enterrámo-las profundamente na lama para formar uma barreira semicircular à volta do buraco.

Sem hesitar, Jack entrou e começou a chapinhar, tentando ver onde estava o réptil. Se a fera saísse à pressa, ele teria de saltar para a margem para não perder uma perna. Eu, por meu lado, sentia-me bastante nervoso por causa do que estava em jogo, entrando devagar enquanto o professor Abel Hernandez manobrava uma canoa.

Jack pendurou um laço de couro cru à frente do nariz do crocodilo, à espera que o animal atacasse e enfiasse a cabeça no laço. O jacaré rugiu e agitou-se tão violentamente que o próprio barco estremeceu, mas recusou-se a ser içado. Com duas varas bifurcadas para manter a corda aberta, Jack passou-a lentamente pelo focinho do crocodilo. Enfurecido, o animal sacudiu-o. Por três vezes puxou a corda e sacudiu-a. De novo, Jack puxou-a para a posiçao correta. De repente, apertou o laço e as mandíbulas perigosas ficaram seguras. Jack empurrou um longo arbusto em direção à toca e, esticando o braço para dentro, passou a corda por cima do ramo, por baixo das patas dianteiras do réptil, e enganchou-a com força.

Depois, puxando cautelosamente, puxou a vara e o jacaré preto, juntando as patas traseiras e a cauda enquanto este emergia violentamente do lodo.

O animal jazia a nossos pés, com água lamacenta a escorrer à volta das suas mandíbulas, os seus olhos amarelos sem pestanejar a olharem-nos com maldade.

Tinha apenas 3 metros de comprimento. Eu e o Charlie estávamos radiantes. Jack foi menos demonstrativo. "Nada mau", disse ele, "para começar, mas há tipos maiores por aqui.

Um pouco mais tarde, caminhando pela floresta, descobrimos uma preguiça pendurada em alguns ramos. A preguiça indolente vê sempre o mundo de pernas para o ar.

Os cientistas chamam a esta preguiça *Bradypus,* uma palavra grega que significa "de pés lentos".

Suspensa pelas suas garras em forma de gancho, a preguiça balançava-se a passo de caracol por entre os ramos da selva, tal como acontece nas florestas tropicais da América Central e do Sul.

Num dia inteiro, não é capaz de avançar mais de 50 metros. A criatura leva a vida com tanta calma que seu nome é um símbolo de preguiça. Esta fêmea de três dedos está pendurada numa árvore de cecropia ou guarumo (yagruma) perto do rio Caroni. É uma das árvores mais vistosas da região neotropical.

A selva de Trinidad oferece uma notável riqueza de vida selvagem. A ilha proporcionou-nos pontos de vista ideais para as nossas observações, filmes e fotografias incomparáveis da vida selvagem tropical desta ilha.

Aqui não havia apenas floresta tropical densa, mas também riachos e pântanos costeiros, manguezais e savanas interiores. Cada área tinha uma vida animal distinta. Jack Donne, o curador de répteis do Jardim Zoológico de Port of Spain, Charles Christenson, um experiente realizador de filmes em 16mm, e eu, o professor e chefe da equipa expedicionária, já tínhamos trabalhado juntos uma vez na floresta tropical do Orinoco, na Venezuela.

Desta vez, fomos acompanhados por Tim McPhee, um dos supervisores do jardim zoológico de Port of Spain e um hábil tratador de animais. Dois dias depois de termos capturado o nosso yacaré. Jack, Charles e eu estávamos a caminhar perto de um riacho pantanoso com Teddy London, o nosso guia anfitrião na colónia do posto avançado de Saint Patrick.

De repente, o Teddy parou e apontou para uma pegada na lama. "Tamanduá", disse ele laconicamente. Ajoelhamo-nos e examinamos o rasto. A pegada do tamanduá-bandeira é inconfundível. As suas garras enormes, usadas para rasgar montes de térmltas de clmento duro em busca de larvas maclas, dobram-se contra os nós dos dedos da lebre e deixam marcas como punhos cavados no solo macio.

Apanhar um tamanduá pela cauda não é tarefa fácil. Normalmente, o tamanduá é uma criatura inofensiva, mas se agarrar um adversário com as suas poderosas patas dianteiras, a vítima tem poucas hipóteses de escapar às suas garras impiedosas.

Enquanto farejávamos a vegetação rasteira, ouviu-se um ruído e, a alguns metros de nós, uma forma grande e peluda pôs-se de pé.

Partiu a galope, com o Jack e o Teddy nos seus calcanhares. Eu corri para fora da mata e gritei ao Charles para se despachar e ir buscar a máquina fotográfica. Quando contornámos o matagal, o tamanduá veio a correr na nossa direção.

Persegui-o e, partindo de novo, aproximei-me lentamente do animal. Pergunto-me o que fazer? Apanhei-o quando o Jack, a cerca de 100 metros de distância, gritou: "Agarra-lhe a cauda! Sem pensar, agarrei o animal pela cauda.

A criatura virou-se, ergueu-se e atacou-me com uma das patas dianteiras. Caí para trás e o aardvark afastou-se mais uma vez pela savana, agitando a cauda como um estandarte. No entanto, a pausa foi suficiente para que uma das montadas do Teddy conseguisse alcançar a fera com o seu laço da sela. Ele balançou o laço de sisal e atirou-o à volta do tamanduá. Numa questão de segundos, tinha capturado o animal, que rosnou de irritação.

Quando o urso estava bem amarrado, examinámo-lo de perto. Estava coberto de pelo cinzento sujo e media dois metros desde a ponta da sua cauda peluda até à pequena tromba na extremidade de um focinho comprido, curvo, desdentado e parecido com uma tromba. A partir daqui, a sua língua comprida, em forma de tira, revestida de muco pegajoso, podia estender-se ainda mais para apanhar formigas e térmitas dos formigueiros como um autocolante. Os seus membros anteriores terminam em garras de dez centímetros.

No caminho de volta ao acampamento-base, observamos um tamanduá que se deparou com uma termiteira, na qual inseriu cautelosamente seu longo focinho, lambendo os insetos. Uma cauda preênsil sustenta-o, que se pendura nela ao subir numa árvore. Por vezes, o animal fica pendurado pela cauda.

Noutra ocasião, avistámos no trilho uma tartaruga matamata, cuja carapaça e pele rugosas se camuflam para se misturarem com o solo dos charcos da floresta.

O objetivo seguinte era a floresta tropical de Trinidad e Tobago. Desta vez, dirigimo-nos para oeste, atravessando uma zona de colinas íngremes, em direção ao delta do rio Caroni. Esta enorme região está quase isolada do resto do país. Os seus dispersos índios Acawi e Arecuna vivem ainda relativamente intocados pela civilização.

Apenas três homens nos encontraram à beira da pista de aterragem acidentada. Na manhã seguinte, dirigimo-nos para um pequeno afluente do Caroni numa canoa de 40 pés movida por um motor fora de borda.

Ninguém vive lá", disse-nos Bill, "por isso deve haver muita vida selvagem". Entre os quatro Acawi enviados por Bill estava o chefe da aldeia. No dia seguinte, o chefe conduziu-nos pela selva sem hesitar, fazendo cortes com a sua catana ou dobrando arbustos para evitar que perdêssemos o caminho de volta.

Enormes árvores da selva erguiam-se 150 pés acima das nossas cabeças. Delas pendiam orquídeas, bromélias, fetos epífitos, lianas e trepadeiras, plantas com grandes raízes aéreas.

De vez em quando, no chão da floresta, viam-se flores amarelas caídas num tapete espesso e colorido. Não apareciam animais de grande porte, como antas ou queixadas, mas inúmeras criaturas minúsculas enchiam o crepúsculo sufocante da floresta tropical com chilreios, assobios e zumbidos.

Três dias mais tarde, reparámos que a nossa preguiça se levantou para lamber algo na sua anca. Estava a acariciar um pequeno bebé. Ainda molhado, o filhote de preguiça deve ter nascido apenas alguns minutos antes. A cor do bebé era tão semelhante à da mãe que, quando estava seco, mal o conseguíamos distinguir entre o pelo denso da mãe. De vez em quando, o bebé subia lenta e laboriosamente ao longo do seu corpo para sugar o leite dos mamilos da mãe. Observámos o casal durante dois dias. Com o seu bebé a olhar para nós por cima do ombro, a mãe começou a subir a uma árvore. Quando voltámos ao local, uma hora mais tarde, não a víamos. Em quinze dias, tínhamos uma grande coleção de animais para o Museu e Galeria Nacional de Port of Spain, desde pequenos insectos, aranhas, conchas e pássaros até jibóias e capivaras, um parente gigante do porquinho-da-índia.

À noite, apanhávamos muitas vezes pirilampos e morcegos. No escuro, a selva era um lugar misterioso e misterioso, cheio de sons. Habituámo-nos ao seu coro incessante, mas o som de uma árvore a cair ou um grito desconhecido fazia o meu coração bater mais forte.

Paradoxalmente, na escuridão, conseguimos encontrar animais que nunca teríamos visto durante o dia. Uma noite, quando as sombras da noite cobriam a selva, pares de olhos brilharam para nós: yacaré deitados submersos, com os olhos um pouco acima da água.

Corujas, mochos, siju e morcegos são muito comuns à noite. Enquanto caminhávamos pela floresta negra, um macaco virou-se para nos olhar. Os reflexos nos olhos das feras desapareciam momentaneamente quando piscavam, onça, jaguatirica, depois sumiam completamente, e ouvíamos um farfalhar de galhos quando fugiam.

Caminhando o mais silenciosamente possível, aproximámo-nos de uma moita de bambus, cujos caules balançavam na escuridão. Jack apontou o feixe da sua lanterna para o emaranhado de vegetação. "Um bom sítio para as cobras", disse ele com entusiasmo. "Faz barulho do outro lado e vê se consegues afugentar algum animal de mim."

Abri caminho cautelosamente através da vegetação rasteira, através da escuridão, e comecei a picar as canas de bambu com as costas de uma catana. Depois, a luz da minha lanterna incidiu sobre um pequeno buraco no chão.

Cautelosamente, ajoelhei-me e olhei para dentro. Das profundezas brilhavam três pequenas luzes. "Jack," chamei baixinho, "aqui está uma coisa com três olhos!". Em três segundos estava ao meu lado. Por baixo das nossas duas lanternas, uma aranha preta e peluda do tamanho da minha mão aberta agachava-se no fundo do buraco.

Os olhos que eu tinha visto eram apenas três dos oito que brilhavam no topo da sua cabeça. De forma ameaçadora, ergueu duas patas dianteiras cobertas por almofadas azuis iridescentes. Por baixo, as presas curvas e venenosas brilhavam como ganchos castanhos. "Uma beleza", murmurou Jack. "Não a deixes saltar." Ele enfiou a mão no bolso para pegar um frasco de amostra. Peguei num galho e empurrei-o suavemente pelo buraco. A aranha peluda atirou-se com as patas da frente. "Cuidado", disse Jack. "Se lhe tirares algum pelo do corpo, ela não sobreviverá."

Ele entregou-me o frasco. "Vou ver se a consigo fazer sair". Pressionou a faca no fundo da galeria. A cavidade desfez-se e a tarântula correu subitamente para trás e aterrou diretamente no frasco de recolha. Apertei rapidamente a tampa. Jack sorriu e guardou o frasco no bolso. Mais tarde, identifiquei a nossa captura como um exemplar de *Avicularia avicularia, que é* muito comum na selva. O seu veneno não é fatal, mas pode deixar um homem que tenha sido picado muito doente.

Antes de deixar St Patrick's, Charles e eu quisemos visitar uma aldeia de índios Acawai. Uma vez lá, numa cabana, vimos um papagaio bebé a ser alimentado com comida no bico. Parámos em pequenas povoações a cada poucos quilómetros para pedir espécimes de animais. Cada aldeia tinha o seu grupo de papagaios domesticados, de estimação, que saltavam por cima dos beirais das cabanas ou caminhavam irascivelmente pela clareira. Os índios, como nós, apreciam os papagaios pela cor viva da sua plumagem e pela sua capacidade de imitar a fala humana. Muitas vezes, quando chegávamos, os pássaros insultavam-nos em dialeto Acawai. Os papagaios adultos são difíceis de apanhar e domesticar, por isso os índios recolhem periquitos, papagaios, amazonas e araras dos ninhos na floresta e criam-nos à mão nas suas casas.

Numa aldeia, uma mulher ofereceu-me um pintainho com grandes olhos castanhos, um bico absurdamente grande e algumas penas finas a sair da pele nua, os chamados canyons. Não podia recusar, mas se quisesse ficar com o atraente pintainho tinha de aprender a alimentá-lo. A mulher, rindo, mostrou-me o que fazer para o alimentar. A mulher, rindo, mostrou-me o que fazer. Primeiro mastiguei um pouco de pão de mandioca. Quando o passarinho viu isso, ficou tremendamente excitado, bateu as suas asas sem penas e balançou a cabeça para cima e para baixo em excitação.

Aproximei o meu rosto dele e, sem hesitar, o bebé enfiou o seu bico aberto entre os meus lábios. Empurrei-lhe a mandioca mastigada pela garganta abaixo com a minha língua. Isto pareceu-me muito pouco higiénico, tanto para o papagaio como para mim, mas a mulher deixou claro que não havia outro método para criar um pintainho. Felizmente, o nosso estava bastante avançado. Uma semana mais tarde ele já era capaz de comer banana-da-terra tenra sozinho, libertando-me de ter que mastigar mandioca de três em três horas.

Fiquei impressionado com a enorme boca aberta de um pirarucu, um peixe que dá muita luta quando tentamos pegá-lo. Parente do salmão e do arenque, o arapaima, ou pirarucu, é o maior peixe ósseo de água doce conhecido em toda a América do Sul.

Na bacia amazónica, foram registados gigantes com 15 pés de comprimento e 400 quilos de peso. Os índios procuram o pirarucu com varas de pesca de náilon e anzóis com iscas, também com arpões artesanais ou em ataques coletivos com arcos e flechas.

A força do peixe é prodigiosa. As histórias de pescadores que arrastam homens da margem do rio são frequentes entre os nativos da ilha, que conhecem e apreciam o facto.

Uma ave necrófaga muito carismática da floresta tropical de Trinidad e Tobago é o condor da selva *(Sarcoramphus papa),* também chamado condor real, chom, corvo real, corvo real, abutre-rei, zope rei, abutre real ou abutre-rei; uma ave necrófaga que limpa as florestas tropicais de carcaças.

A sua cabeça é uma explosão cromática, onde as cores laranja, amarelo, rosa, preto, cinzento e branco são uma festa, contrastando com a pupila preta, a íris branca e o globo ocular vermelho intenso. O seu pescoço apresenta um tufo cinzento de penugem, enquanto o seu corpo é branco acinzentado.

Outra espécie muito curiosa é a capivara brincalhona, o maior roedor do mundo, que organiza lutas aquáticas nos cursos de água e impressiona com as suas numerosas manadas.

O nosso último animal notável da fauna de Trindade encontra-se nas águas do delta do Caroni: o manatim das Antilhas, ou vaca marinha, passa a sua vida nos rios e nos pântanos salgados, comendo inofensivamente a sua erva favorita.

Respira o ar como um golfinho, o seu focinho bufa e sopra na água. Sendo um mamífero, as suas crias mamam o leite da mãe, emergindo por vezes da água com a cria entre as barbatanas. Procurámos muito até que um dia encontrámos o nosso manatim. Um animal grande e gordo, com a cabeça romba adornada com um bigode desgrenhado. Olhos minúsculos e encovados olhavam para nós, juntamente com narinas proeminentes.

OS MACACOS DE TRINIDAD

Dos macacos de Trinidad com cauda preênsil, os mais estranhos na aparência, devido à sua magreza exagerada, são os macacos-aranha, que sabem utilizar este apêndice como uma quinta mão, pendurando-se frequentemente nos ramos com ele. A capacidade destes macacos de trepar com a ajuda da cauda deu sem dúvida origem à fábula das pontes que construíam com o corpo para atravessar os rios. O quati-preto *(Ateles paniscus)* é uma das espécies mais conhecidas deste género, caracterizada, entre outras coisas, pela ausência de polegares nas mãos.

Os macacos-aranha ou ateles, que devem o seu nome ao comprimento excessivo dos seus membros, não têm polegar nos membros anteriores, têm narizes divergentes e caudas longas, tácteis e preênseis. Não sabem escapar ao homem, que os persegue tanto pela sua pele como pela sua carne. Não formam bandos numerosos e são conhecidas várias espécies, mas a da selva de Trinidad é *Ateles brisonii.*

Os macacos-aranha adaptam-se facilmente à domesticação e são muito afectuosos com os seus donos; vi-os nos ombros de índios nas aldeias que visitámos.

Um dia, na selva de Trinidad, ouvem-se gritos estridentes: os macacos uivam. A escuridão reina no interior da floresta e sente-se um cheiro a matéria corrompida e a actinomicetos. Alguns mosquitos voam, um tucano invisível grita e grandes borboletas azuis esvoaçam entre os ramos.

Caminhámos ofegantes por entre arbustos espinhosos e cipós, rasgámos as nossas roupas em ganchos invisíveis, circulámos impacientemente à volta da caraguata espinhosa e arranhámos a pele das nossas caras e mãos.

Estamos muito perto da manada imediata de bugios; rapidamente se ouvem os seus gritos por cima das nossas cabeças e o caos de murmúrios e uivos resolve-se nos tons baixos dos machos velhos, nos tons agudos das fêmeas e nos tons tímidos das crias. De repente, tudo fica calmo.

Esta espécie muito comum na ilha é o bugio, outro macaco com cauda de pega que se distingue pelo grande desenvolvimento do seu hioide, que forma uma caixa de ressonância e dá à sua voz um volume e sonoridade incríveis.

O berro tremendo destes macacos, gritando em coro, pode ser ouvido a longa distância ao amanhecer e ao pôr do sol, e também em qualquer altura se a chuva ameaçar. Por vezes, um só berra e todos os outros respondem.

O guariba *(Alouata seniculus),* espécie amazónica, distribuída até às selvas da bacia do Orenoco e à selva de Trinidad, é um macaco em que ambos os sexos têm um belo pelo castanho-avermelhado, com o dorso amarelo-dourado.

Este prodigioso primata impressionou-me desde o dia da minha chegada às selvas da ilha de Trinidad e, durante todos os dias seguintes, ouvi os gritos estridentes de muitos macacos que ressoavam na selva ao nascer e ao pôr do sol, mas nunca os consegui ver. Uma manhã, depois do pequeno-almoço, armado com o meu equipamento técnico, entrei na selva, quando aquele grito selvagem ressoou no mato, o que me inflamou com um ardor belicoso. Atravessei os arbustos e marchei em direção ao local onde o grito ressoava. Atravessando o matagal, dirigi-me rapidamente para o local onde soava o grito e cheguei ao local onde pretendia sem ser observado.

Suspensos nas alturas de uma árvore da copa da floresta, estes macacos formavam um concerto tão assustador que se poderia suspeitar que todas as feras da floresta estavam a travar um combate mortal. No entanto, não se podia deixar de reconhecer que havia uma certa ordem no barulho.

De repente, todo o bando espalhado à volta da árvore se calava, e depois um dos membros, aparentemente o macho alfa, levantava a sua voz intempestiva e os uivos recomeçavam.

O tambor ósseo do osso hioide, que dá grande sonoridade à sua voz, alargou-se de um lado para o outro. Por vezes, os seus tons imitavam o som de outros animais da selva.

A cena era muito impressionante e até o ser mais fleumático teria ficado impressionado com a gravidade com que os gritadores barbudos se sentavam frente a frente.

OUTROS MAMÍFEROS DE TRINDADE

Em algumas zonas costeiras, como a sul da bacia do rio Caroni, abundam os mangais tropicais. Na parte sul da ilha de Trinidad, **as formações de selva** crescem até 40 m de altura. Uma árvore comum é o **araguaney** ou ipê-amarelo. Há felinos como o jaguar, aves como o turpial, répteis como o jacaré e a anaconda, e roedores como a capivara, a maior capivara do mundo!

A *onça-pintada (Felis onca concolor),* sob todos os pontos de vista, comporta-se como um predador temível. Pude constatar que ela se movimenta com leveza e velocidade e salta mais de seis metros de comprimento. Além disso, trepa habilmente às árvores e salta para o chão, sendo insuperável por qualquer outro quadrúpede na natação e na pesca. É conhecido por atacar os temíveis jacarés, despedaçando-os e devorando-os. Refugia-se preferencialmente nas orlas da selva, sobretudo nas margens dos rios e onde há água em abundância.

A jaguatirica *(Leopardus pardalis) é* uma espécie de mamífero carnívoro da família Felidae, muito mais pequena do que o jaguar, que se encontra frequentemente na selva da ilha. Alimenta-se de pequenos mamíferos e aves, que captura à espreita.

A jaguatirica é um mamífero pertencente à família Felidae que vive desde o estado do Texas (Estados Unidos) até à Argentina. A jaguatirica assemelha-se a um gato doméstico e também a uma geneta na aparência; mede entre 55 e 100 cm de comprimento e a sua cauda varia entre 30 e 45 cm de comprimento. O corpo é robusto e as patas são curtas. A coloração da pelagem é muito variada, ao ponto de não haver duas jaguatiricas exatamente iguais. O fundo pode ser amarelado, cinzento, acastanhado ou avermelhado e apresenta manchas pretas alongadas na parte anterior do corpo e arredondadas na parte posterior. O peito é um pouco mais claro. A jaguatirica nada bem e trepa às árvores com muita facilidade e frequência, embora também desça muitas vezes ao solo. Caça à noite e alimenta-se de aves, peixes, cobras, lagartos e pequenos mamíferos. A época do acasalamento é suscetível de variar em função da latitude e a ninhada pode ser constituída por uma a quatro crias. A pele deste animal é muito apreciada e foi caçada quase até à extinção, e a perda de habitat devido à conversão da floresta em terrenos agrícolas também contribuiu para o declínio da população desta espécie.

O tatu-galinha *(Dasypus novemcinctus)* é uma espécie de mamífero placentário da família Dasypodidae.

Tatu, nome comum de um mamífero relacionado com os tamanduás e as preguiças. O tatu de nove bandas, também chamado de mulita grande, tatú ou toche, é distribuído do norte da Argentina até o sul dos Estados Unidos. Outras espécies nativas exclusivamente da América do Sul são o tatu de seis bandas ou gualacate, o tatu de três bandas ou quirquincho bola e o tatu gigante ou tatú carreta. O tamanho destes animais varia de 15 cm, que é o comprimento da espécie mais pequena, a 1 m de comprimento, excluindo a cauda, no caso do tatu gigante.

O tatu é um mamífero blindado; a armadura deste animal é constituída por um mosaico de pequenas placas ósseas que se desenvolvem na camada inferior da pele, ou derme, e são cobertas por uma epiderme córnea. Constitui um sistema de proteção contra os predadores; em algumas espécies, até a cauda está protegida. Em todas as espécies, exceto no tatu gigante, as placas formam um escudo de uma só peça sobre os ombros e outro sobre os quartos traseiros. A parte central do corpo do animal é coberta por placas que formam faixas transversais articuladas entre si, ou seja, ligadas por uma pele macia. Isto permite-lhes enrolar-se numa bola totalmente blindada e cobrir a única zona desprotegida do corpo: o abdómen.

São animais de corpo robusto, com patas curtas e musculosas que lhes permitem deslocar-se com bastante rapidez. Os membros têm garras semelhantes a unhas e o tatu utiliza-as para obter alimentos ou para escavar tocas. São noturnos e alimentam-se de insectos, vermes, pequenos vertebrados e, por vezes, de carniça. Pode viver tanto em selvas como em áreas abertas. A fêmea tem normalmente uma ninhada grande de até 12 crias em alguns casos; no entanto, um pequeno número de espécies dá à luz apenas uma cria. A carne do tatu é comestível. Na América do Sul, foram encontrados restos fósseis de grupos extintos próximos dos tatus, os gliptodontídeos *(ver Glyptodon)*, em estratos geológicos do Pleistoceno. A caça e a destruição do habitat colocaram em risco a sobrevivência de várias espécies, como o tatu-canastra e o tatu-bola.

O vampiro comum *(Desmodus rotundus)* é uma espécie de morcego microquiróptero da família dos filostomatídeos, designação comum aos morcegos que se alimentam do sangue de outros animais: o vampiro verdadeiro ou comum, o vampiro de asas brancas e o vampiro de pernas peludas. A sua distribuição estende-se do México à América do Sul, abrangendo o Chile, a Argentina e as ilhas Margarita e Trinidad, ao largo da costa norte da Venezuela.

Os vampiros pesam entre 15 e 50 g e têm apenas 6,5 a 9,3 cm de comprimento. A sua cor é cinzenta, castanha ou castanha-avermelhada. Os bordos e as pontas das asas do vampiro de asas brancas, como o nome indica, são brancos. Os vampiros têm menos dentes do que os outros morcegos; o número de dentes varia entre 20 e 26, consoante a espécie. Têm incisivos grandes e afiados para perfurar a carne das presas e um anticoagulante na sua saliva que mantém o sangue a circular enquanto se alimentam.

Os vampiros vivem tanto em regiões áridas como húmidas e tanto em florestas como em terrenos abertos. Refugiam-se em grutas, minas, poços abandonados, troncos ocos e edifícios abandonados, geralmente sozinhos ou em pequenos grupos de 12 ou menos indivíduos; no entanto, o vampiro comum forma por vezes colónias de até 2 000 animais. As colónias de vampiros comuns de 50 ou mais indivíduos estão geralmente divididas em unidades sociais mais pequenas, constituídas por 8-20 fêmeas adultas, um macho adulto e as crias. As fêmeas têm uma única ninhada uma ou duas vezes por ano. Sabe-se que os vampiros podem viver até 27 anos em cativeiro.

O vampiro comum alimenta-se do sangue de outros mamíferos,

como cavalos, porcos, burros e vacas. Também se alimenta de aves domésticas, como perus e galinhas. Os vampiros de pernas peludas e asas brancas vivem principalmente de aves. Todos têm uma excelente visão e uma audição sensível e são muito ágeis no solo, onde utilizam as suas poderosas patas traseiras para rastejar, correr e saltar no ar. Para se alimentarem, começam por lamber a pele da vítima para a amolecer. De seguida, cortam o pelo ou as penas, antes de perfurarem a pele com os seus incisivos afiados e sugarem o sangue. Podem beber cerca de 20 ml por noite, quase metade do seu peso.

Por vezes, as feridas causadas pelos vampiros ficam infectadas; além disso, estes morcegos podem transmitir a raiva. Nas suas tentativas de eliminar os vampiros que se alimentam do gado, os criadores de gado matam um grande número de morcegos úteis. Um método de controlo dos vampiros que não põe em perigo outros morcegos ou o gado consiste em aplicar vaselina contendo anticoagulante no dorso dos vampiros vivos, de modo a que outros animais da colónia ingiram o veneno no decurso de um comportamento mútuo de limpeza social. A vaselina é também aplicada no dorso de animais domésticos para que o morcego a absorva juntamente com o sangue.

As proteínas anticoagulantes da saliva dos vampiros são consideradas cerca de vinte vezes mais potentes do que qualquer um dos anticoagulantes conhecidos. Foi usada para desenvolver um medicamento chamado *Draculin, que é* usado para tratar ataques cardíacos e acidentes vasculares cerebrais em humanos.

EPÍLOGO

As selvas da ilha de Trinidad proporcionaram-nos oportunidades únicas de observar a sua vida selvagem, as suas frondes mostrando animais de um território insular das Antilhas, que guarda o património faunístico mais impressionante, rico e valioso de todas as Caraíbas insulares.

A ilha é também um cenário inigualável, com paisagens únicas e paradisíacas, relevo variado, oferecendo cenários muito diferentes para os vários ecossistemas terrestres.

A sua gente é muito amável, gentil e afável, o que a torna uma zona muito especial e produtiva para o ecoturismo, a observação da vida selvagem, a observação de aves e a conservação da biodiversidade animal.

BIBLIOGRAFIA

Adam Woolfitt/Woodfin Camp and Associates, Inc. 2009. *Pluvisilvas.* Microsoft Student Encarta 1993-2008. Microsoft Corporation.

Bates, M. 1966. *A terra e a fauna da América do Sul.* Coleção LIFE Nature em espanhol. Publicado por Offset Multicolor, S. A. México, D. F., 200 pp.

Bright, M. 2005. *Sudamérica Salvaje.* Ediciones B, Grupo Zeta. BBC. Londres, 256 pp.

Carlton Centre San Fernando. 2016. *Trinidad e Tobago NEWSDAY. No. 8319. Sexta-feira, 1 de julho de 2016.* Publicado por Daily News Limited. Port Spain, 88 páginas.

Hernández-Muñoz, A. 2015-2016. *Cuaderno de campo de mis campañas zoológicas en la Isla de Trinidad (*não publicado).

Marín Rodríguez, C. J. 1996. *Questões conservacionistas.* Editorial Litógrafos Asociados. Venezuela, Estado Monagas, Tucupita, 79 pp.

Mep. 2013. *Discover Trinidad & Tobago.* Media & Editorial Projects. Port Spain, 132 pp.

Rodríguez de la Fuente, F. 1981. *América do Sul. Enciclopedia Salvat de la Fauna, Volume 8.* SALVAT S. A. de Ediciones. Barcelona, 713 pp.

TDC. 2016. *Trinidad e Tobago. Onde o mundo se encontra.* Bureau de Convenções de Trinidad e Tobago. Tourism Development Company Limited. Port Spain, 3 pp.

Microsoft Student Encarta. 2009. *Estação de Campo William Beebe.* Microsoft Student Encarta 1993-2008. Microsoft Corporation.

Microsoft Student Encarta. 2009. *República de Trinidad e Tobago.* Microsoft Student Encarta 1993-2008. Microsoft Corporation.

White, G. 2023. *IBAs* of *Trinidad and Tobago.* Trinidad and Tobago Field Naturalist Club. Port Spain, pp. 309-313.

MIX
Papier aus verantwortungsvollen Quellen
Paper from responsible sources
FSC® C105338

Printed by Books on Demand GmbH, Norderstedt / Germany